法国国家附件

Eurocode 1:
结构上的作用

第1-2部分:
一般作用——对受火结构的作用

NF EN 1991-1-2/NA

[法] 法国标准化协会（AFNOR）

欧洲结构设计标准译审委员会 **组织翻译**

姜分良　　　　**译**

杨 虹　　　**一审**

刘 宁　　　**二审**

张 茜 齐 溪 延西利　　**三审**

人民交通出版社股份有限公司

北 京

版 权 声 明

图书在版编目(CIP)数据

法国国家附件 Eurocode 1:结构上的作用. 第 1-2 部分:一般作用——对受火结构的作用 NF EN 1991-1-2/NA /法国标准化协会(AFNOR)组织编写;姜分良译. — 北京:人民交通出版社股份有限公司, 2019.11
ISBN 978-7-114-16118-6

Ⅰ. ①法… Ⅱ. ①法… ②姜… Ⅲ. ①建筑结构—建筑规范—法国 Ⅳ. ①TU3

中国版本图书馆 CIP 数据核字(2019)第 279705 号

著作权合同登记号:图字 01-2019-7830

Faguo Guojia Fujian Eurocode 1:Jiegou Shang de Zuoyong Di 1-2 Bufen:Yiban Zuoyong——Dui Shouhuo Jiegou de Zuoyong

书　　名:	**法国国家附件　Eurocode 1:结构上的作用　第 1-2 部分:一般作用——对受火结构的作用 NF EN 1991-1-2 /NA**
著 作 者:	法国标准化协会(AFNOR)
译　　者:	姜分良
责任编辑:	钱　堃　屈闻聪
责任校对:	刘　芹
责任印制:	刘高彤
出版发行:	人民交通出版社股份有限公司
地　　址:	(100011)北京市朝阳区安定门外外馆斜街 3 号
网　　址:	http://www.ccpress.com.cn
销售电话:	(010)59757973
总 经 销:	人民交通出版社股份有限公司发行部
经　　销:	各地新华书店
印　　刷:	北京建宏印刷有限公司
开　　本:	880×1230　1/16
印　　张:	1.75
字　　数:	35 千
版　　次:	2019 年 11 月　第 1 版
印　　次:	2024 年 10 月　第 2 次印刷
书　　号:	ISBN 978-7-114-16118-6
定　　价:	40.00 元

(有印刷、装订质量问题的图书,由本公司负责调换)

出 版 说 明

包括本标准在内的欧洲结构设计标准（Eurocodes）及其英国附件、法国附件和配套设计指南的中文版，是 2018 年国家出版基金项目"欧洲结构设计标准翻译与比较研究出版工程（一期）"的成果。

在对欧洲结构设计标准及其相关文本组织翻译出版过程中，考虑到标准的特殊性、用户基础和应用程度，我们在力求翻译准确性的基础上，还遵循了一致性和有限性原则。在此，特就有关事项作如下说明：

1. 本标准中文版根据法国标准化协会（AFNOR）提供的法文版进行翻译，仅供参考之用，如有异议，请以原版为准。

2. 中文版的排版规则原则上遵照外文原版。

3. Eurocode(s) 是个组合再造词。本标准及相关标准范围内，Eurocodes 特指一系列共 10 部欧洲标准（EN 1990 ~ EN 1999），旨在为房屋建筑和构筑物及建筑产品的设计提供通用方法；Eurocode 与某一数字连用时，特指EN 1990 ~ EN 1999 中的某一部，例如，Eurocode 8 指 EN 1998 结构抗震设计。经专家组研究，确定 Eurocode(s) 宜翻译为"欧洲结构设计标准"，但为了表意明确并兼顾专业技术人员用语习惯，在正文翻译中保留 Eurocode(s) 不译。

4. 书中所有的插图、表格、公式的编排以及与正文的对应关系等与外文原版保持一致。

5. 书中所有的条款序号、括号、函数符号、单位等用法，如无明显错误，与外文原版保持一致。

6. 在不影响阅读的情况下书中涉及的插图均使用外文原版插图，仅对图中文字进行必要的翻译和处理；对部分影响使用的外文原版插图进行重绘。

7. 书中涉及的人名、地名、组织机构名称以及参考文献等均保留外文原文。

特别致谢

本标准的译审由以下单位和人员完成。中国电建集团中南勘测设计研究院有限公司的姜分良承担了主译工作，中国电建集团中南勘测设计研究院有限公司的杨虹，中交第一公路勘察设计研究院有限公司的刘宁，西安交通大学的齐溪，长安大学的张茜、延西利承担了主审工作。他（她）们分别为本标准的翻译工作付出了大量精力。在此谨向上述单位和人员表示感谢！

欧洲结构设计标准译审委员会

欧洲结构设计标准译审委员会总体组

FA144274

ISSN 0335-3931

NF EN 1991-1-2/NA

2007 年 2 月

分类索引号：P 06-112-2

ICS：13.220.50；91.080.01

法国标准

法国国家附件
Eurocode 1：结构上的作用
第 1-2 部分：一般作用——对受火结构的作用
NF EN 1991-1-2 /NA

英文版名称：Eurocode 1—Actions on structures—Part 1-2：General actions—Actions on structures exposed to fire—National annex to NF EN 1991-1-2—Actions on structures exposed to fire

德文版名称：Eurocode 1—Einwirkungen auf Tragwerke—Teil 1-2：Allgemeine Einwirkungen—Brandeinwirkungen auf Tragwerke—Eurocode 1—Nationaler Anhang zu NF EN 1991-1-2—Brandeinwirkungen auf Tragwerke

发布	法国标准化协会（AFNOR）主席 2007 年 1 月 20 日决定，本国家附件于 2007 年 2 月 20 日生效。
相关内容	本国家附件发布之日，不存在相同主题的欧洲或国际文件。
提要	本国家附件补充了 2003 年 7 月发布的 NF EN 1991-1-2：2003，NF EN 1991-1-2：2003 是 EN 1991-1-2：2002 在法国的适用版本。 本国家附件定义了 NF EN 1991-1-2：2003 在法国的适用条件，NF EN 1991-1-2：2003 引用了 EN 1991-1-2：2002 及其附录 A ~ G。
关键词	**国际技术术语**：建筑、结构、设计、计算、耐火性、热动特性、建造规定、燃烧、荷载、热功率、热值、燃烧速度。

修订

勘误

法国标准化协会（AFNOR）出版发行—地址：11，rue Francis de Pressensé—邮编：93571 La Plaine Saint-Denis
电话：+ 33（0）1 41 62 80 00—传真：+ 33（0）1 49 17 90 00 — 网址：www.afnor.org

结构设计基础分委员会　BNTEC P06A

标准化委员会

主席:LARAVOIRE　　先生

秘书:PINÇON　　先生—BNTEC

委员:(按姓氏、先生/女士、单位列出)

BALOCHE	先生	CSTB
BAUDY	先生	BUREAU VERITAS
BIETRY	先生	
CALGARO	先生	Conseil Général des Ponts et Chaussées
CAUDE	先生	CETMEF
CHABROLIN	先生	CTICM
CHOLLET-MEIRIEU	先生	AFNOR
DAUBILLY	先生	FNTP
DEVILLEBICHOT	先生	EGF-BTP
DHIMA	先生	CSTB
DURAND	先生	UMGO
FUSO	先生	SSBAIF
HORVATH	先生	CIMBéton
IMBERTY	先生	SETRA
IZABEL	先生	SNPPA
JACOB	先生	LCPC
JOYEUX	先生	CTICM
KOVARIK	先生	PORT AUTONOME DE ROUEN
KRUPPA	先生	BNCM/CTICM
LAMADON	先生	BUREAU VERITAS
LARAVOIRE	先生	
LARUE	先生	RBS
LE CHAFFOTEC	先生	CTICM
LE DUFF	先生	CSTB
LEFEVRE	先生	BSI
LEMOINE	先生	UMGO
LIGOT	先生	Ligot
LUMBROSO	先生	
MAITRE	先生	SOCOTEC

MARTIN	先生	SNCF
MEBARKI	先生	UNIVERSITE DE MARNE LA VALLEE
MILLEREUX	先生	FIBC
MUZEAU	先生	CUST
NGUYEN	先生	MINISTERE DE L'EQUIPEMENT—DAEI
PAILLE	先生	SOCOTEC
PAMIES	先生	INRS
PINÇON	先生	BNTEC
POILVERD	先生	Brigade des Sapeurs Pompiers de Paris
PRAT	先生	SETRA
RAGNEAU	先生	INSA de RENNES
RAMONDENC	先生	SNCF
RAOUL	先生	SETRA
ROBERT	女士	CERIB
ROGER	女士	Ministère Equipement, Transports, Logement
SAUVAGE	先生	FFB-CMP
TEPHANY	先生	Ministère de l'Intérieur — DDSC
THOMAS	先生	ARCELOR
TRINH	先生	CETEN-APAVE INTAL

目　次

前言

（1）本国家附件确定了 NF EN 1991-1-2:2003 在法国的适用条件。NF EN 1991-1-2:2003 引用了 EN 1991-1-2:2002 及其附录 A～G。EN 1991-1-2:2002 由欧洲标准化委员会于 2002 年 9 月 1 日批准,并于 2002 年 11 月实施。

（2）本国家附件由结构设计基础分委员会（BNTEC P06A）编制。

（3）本国家附件:

—为 EN 1991-1-2:2002 的下列条款提供国家定义参数（NDP）并允许各国自行选择参数信息:

　　—2.4(4)温度分析;

　　—3.1(10)一般规定;

　　—3.3.1.1(1)一般规定——简化火灾模型;

　　—3.3.1.2(1)室内火灾;

　　—3.3.1.2(2) 室内火灾;

　　—3.3.1.3(1)局部火灾;

　　—3.3.2(1)高级火灾模型;

　　—3.3.2(2)高级火灾模型;

　　—4.2.2(2)附加作用;

　　—4.3.1(2)一般规定（组合作用效应规定）。

—确定资料性附录 A～G 在建筑方面的使用条件。

—提供非矛盾性补充信息,便于 NF EN 1991-1-2:2003 在建筑方面的应用。

（4）引用条款为 NF EN 1991-1-2:2003 中的条款。

（5）本国家附件应配合 NF EN 1991-1-2:2003,并结合 NF EN 1990～NF EN 1999,以用于新建建（构）筑物的设计。在全部 Eurocodes 出版之前,如有必要,应针对具体项目对国家定义参数进行定义。

（6）如果 NF EN 1991-1-2:2003 适用于公共或私人工程合同,则本国家附件亦适用。

（7）对于本国家附件中所考虑的设计使用年限,请参照 NF EN 1990 及其国家附件中给出的定义。该使用年限在任何情况下不得与法律和条例所界定的关于责任和质保的期限相混淆。

（8）为明确起见，本国家附件给出了国家定义参数的范围。本国家附件的其余部分是对欧洲标准在法国的应用进行的非矛盾性补充。

（9）欧洲标准"火灾"部分所包括的消防安全方法被列入了法国消防法规。因此，法国内政部法令对温度作用的量化和结构的力学作用等不同计算模型的使用条件进行了限制（本国家附件出版之日所执行的法令是 2004 年 3 月 22 日颁布的关于产品、建筑构件和工程耐火性能的法令）。

在此法规（法国消防法规）背景下，本国家附件划分出：

—可以用于温度作用的两级分析：

a）名义上的火灾根据理论进行定义，它们构成每个具体建筑或工程系列规定所确定的描述性要求的基础；

b）实际火灾场景应根据在某一特定的建筑或构件中开展的活动进行评估。

—可以用于结构物耐火性验证的三级分析：

1）在相应表格中，结构构件的耐火时间是根据其外形尺寸大小给出的，适用于几种级别的使用情况；

2）简化计算法，采用容易分解的分析公式；

3）高级计算法，使用前提是允许考虑构件与整个结构之间的相互作用。

按照上文提到的 2004 年 3 月 22 日颁布的法令的规定，在下表中对这些方法的使用条件进行了汇总：

温度作用方法	耐火性验证方法	设计院的使用	法国安全委员会是否有对火灾场景进行协调的义务	法国内政部批准的实验室是否有对设计进行审查的义务
a	1*	是	—	否
	2**	是	—	否
	3	是	—	是
b	1***	—	—	—
	2****	是	是	是
	3	是	是	是

*	仅适用于标准升温曲线。
**	这种方法适用于标准升温曲线和其他名义升温曲线。
***	不适用。
****	仅适用于相关 Eurocode 部分内容中所识别的几种情况。

国家附件
（规范性）

AN 1　欧洲标准条款在法国的应用

注：条款编号与 EN 1991-1-2：2002 的编号一致。

条款 2.4.4—注 1—温度分析

耐火时间在国家法规中进行了明确规定。

条款 2.4.4—注 2—温度分析

耐火极限值仅可在现行法令范围内考虑。

注：本国家附件出版之日所执行的法令是 2004 年 3 月 22 日颁布的关于产品、建筑构件和工程耐火性能的法令。

条款 3.1.10——一般规定

名义升温曲线的使用条件以及使用真实火灾模型的可能情况都是按照现行国家法规针对具体项目确定的。

条款 3.3.1.1—一般规定—简化火灾模型

设计火灾荷载密度 $q_{f,d}$ 根据本国家附件所附的设计指南进行计算。

条款 3.3.1.2—注 2—室内火灾

附录 A 的方法适用于 AN 2 所述条件下的具体项目。

条款 3.3.1.2—室内火灾

附录 B 的方法适用于 AN 3 所述条件下的具体项目。

条款 3.3.1.3.1—局部火灾

附录 C 的计算模型适用于 AN 4 所述条件下的具体项目。

条款 3.3.2.1—注 2 和注 3—高级火灾模型

设计火灾荷载密度 $q_{f,d}$ 和释热率 Q 根据本国家附件所附的设计指南进行计算。

条款 3.3.2.2—高级火灾模型

附录 D 的计算模型适用于 AN 5 所述条件下的具体项目。

条款 4.2.2.2　附加作用

在受火条件下,可能要考虑在设定火灾场景时的附加作用。

条款 4.3.1.2　一般规定—组合作用规则

采用频遇值 $\psi_{1,1}Q_1$。

条款 4.3.2.2 和条款 4.3.3.1

注:η_{fi} 和 $\eta_{fi,t}$ 的含义在不同材料的相关 Eurocodes 中给出。

AN 2　附录 A"参数化升温曲线"在法国的应用

此附录在法国仍起资料性作用。

注:此附录只适用于进行初步计算。如果继续针对不同的火灾场景进行计算,应参照定义耐火工程使用条件的监管框架,特别是法国在 2004 年 3 月 22 日颁布的关于产品、建筑构件和工程耐火性能的法令。

AN 3　附录 B"外部构件的温度作用—简化计算方法"在法国的应用

> 此附录在法国起规范性作用。

注：此附录适用于确定使用 EN 1993-1-2（或者根据所用材料使用 EN 1999-1-2）附录 B 中提供的计算补充以及本国家附件所附设计指南表 3 中提供的火灾荷载时的条件。在其他情况下，应参照定义耐火工程使用条件的监管框架。

AN 4　附录 C"局部火灾"在法国的应用

> 此附录在法国仍起资料性作用。

注：对于具体项目所选择的场景而言，如果火苗局限在房间的某一部分，那么此附录可用于定义耐火工程使用条件的监管框架。

AN 5　附录 D"高级火灾模型"在法国的应用

> 此附录在法国仍起资料性作用。

注：此附录可以用于定义耐火工程使用条件的监管框架。

AN 6　附录 E"火灾荷载密度"在法国的应用

> 此附录在法国不适用。

注：此附录在真实火灾场景发生时被本国家附件所附设计指南替代，该设计指南属于一种可行的研究方法。

AN 7　附录 F"等效曝火时间"在法国的应用

> 此附录在法国不适用。

AN 8　附录 G "形状系数" 在法国的应用

此附录在法国仍起资料性作用。

确定火灾荷载及其燃烧性能的设计指南

本设计指南替代在法国不适用的 EN 1991-1-2 附录 E。它给出了促进局部火灾发展的火灾荷载及其热解速率的估算准则。在真实火灾场景发生时,本设计指南属于一种可行的研究方法。

0 前言

(1)火灾荷载是建立火灾发展模型所必需的一个参数。它应与热流量一起使用,以反映出根据时间释放能量的条件。

(2)根据法规要求,在建筑用途已知但建筑内的家具未定的时候,可从统计研究结果中推算出建筑内的代表性特征火灾荷载,前提是这些统计研究结果都要有充分的文字依据。估计至少应考虑90%的火灾荷载。

(3)通过考虑经统计分布推算和结构倒塌半概率研究得出的计算火灾荷载,可完成火灾情况下的承重结构设计。

(4)半概率研究考虑了建筑倒塌的目标概率,这与建筑的使用年限有关,可根据这一概率来设计建筑在正常温度下的尺寸。

(5)在火灾情况下建筑倒塌的概率取决于:

—火灾的发生;

—形成火灾的概率以及火灾对结构构件产生的温度作用;

—热作用结构的静荷载条件;

—结构的材料特性。

(6)某个房间内发生全面火灾的概率一方面取决于发生火灾的概率,另一方面取决于在建筑内所从事的活动以及建筑的面积等参数,这些都取决于相关可燃材料的性质和体积。这种概率可从统计数据中推算出来。

(7)可以通过可靠、成功的保护设施来降低发生全面火灾的概率。可从统计数据(如保险公司收集的数据)中得出保护设施的可靠性。

（8）一种积极的保护措施可降低发生严重火灾的概率,因此在半概率的方法中可通过降低用于计算的火灾荷载来反映出来。

（9）假定在一个房间内发生全面火灾,那么可根据时间绘制出一条温度曲线,温度曲线主要取决于通风条件、隔墙性质以及可燃材料的数量和荷载性质。

（10）在"2 火灾荷载密度的确定"中给出的系数和数值都是假定起火房间全面着火予以确定的。在这种假定条件下,可认为房间内的温度相同。

（11）结构受到局部火灾影响时,只有一部分潜在的热量导致起火。此时,火灾荷载的平均面积分布不再具有代表性,因此应进行一次决定性研究,以对局部火灾荷载进行估算。

（12）如果在建筑结构的使用年限内对其使用功能进行了变更,而且这种变更导致火灾荷载的性质和数量发生了变化,那么应重新对建筑结构的倒塌概率进行评估。

1 设计火灾荷载的确定

（1）可按下列方法之一确定火灾荷载密度标准值 $q_{f,k}$：

—按照建筑火灾荷载分类表4中的统计数据;

—对具体工程项目进行火灾荷载调查。

（2）火灾荷载密度设计值定义为：

$$q_{f,d} = q_{f,k} \cdot m \qquad [MJ/m^2] \qquad\qquad (E.1)$$

式中：m——燃烧系数;

$q_{f,k}$——单位建筑面积上的火灾荷载密度标准值 $[MJ/m^2]$。

（3）火灾荷载密度可根据项目自身情况以及针对所考虑场景采取的消防措施进行调整。在这种情况下,应论证：所选数值导致房屋倒塌的概率不会高于房屋正常使用时发生倒塌的概率。

2 火灾荷载密度的确定

2.1 一般规定

（1）在火灾荷载中,宜考虑房间的内部布置（活荷载）以及所有可燃的建筑构件,包括墙面装饰和装饰材料（固定部分的荷载）。在火灾期间不会自燃的可燃构件可不予考虑。

（2）以下条款要么根据建筑类型进行火灾荷载分类（见2.5），要么针对具体工程的特定要求（见2.6）确定火灾荷载。

（3）如果根据建筑类型来确定火灾荷载，火灾荷载可划分为：

——根据表3得出的活动火灾荷载；

——没有包括在表4数据中的固定火灾荷载（建筑构件、面层和饰面）可根据下述相关条款进行确定。

2.2 定义

（1）火灾荷载标准值定义为：

$$Q_{fi,k} = \sum M_{k,i} \cdot H_{ui} \cdot \Psi_i = \sum Q_{fi,k,i} \qquad [MJ] \qquad (E.2)$$

式中：$M_{k,i}$——根据（3）和（4）确定的可燃物的总质量[kg]；

H_{ui}——净热值[MJ/kg]（见2.4）；

$[\Psi_i]$——为计算受保护的火灾荷载而设立的一个备选系数（见2.3）。

（2）单位面积的火灾荷载密度标准值 $q_{f,k}$ 定义为：

$$q_{f,k} = Q_{fi,k}/A \qquad [MJ/m^2] \qquad (E.3)$$

式中：A_f——房间的建筑面积。

（3）固定火灾荷载，是在结构使用年限内不会发生变化的火灾荷载，宜由调查得出的期望值来表示。

（4）根据 Gumbel 定律，活动火灾荷载宜通过结构使用年限内90%分位数值表征。

2.3 在所考虑房间内受保护的火灾荷载

（1）在密闭容器中的火灾荷载，被设计为不受火灾影响，不必考虑，即 $\Psi_i = 0$。

2.4 发热值

（1）发热值宜根据 EN ISO 1716:1999 来确定。

（2）材料含水时可做如下处理：

$$H_u = H_{u0}(1 - 0.01u) - 0.025u \qquad [MJ/kg] \qquad (E.4)$$

式中：u——以干重的百分比表示的含水率；

H_{u0}——干物质的发热值。

（3）表2中给出了一些固体、液体和气体的发热值。

表2 用于火灾荷载计算的干燥可燃物的发热值 H_u [MJ/kg]

纤维类可燃物	净发热值 [MJ/kg]
其他	20
木材	18
棉花	20
皮革	19
羊毛	23
软木	30
秸秆	16
纸箱	17
蚕丝	19

"橡胶"类可燃物	净发热值 [MJ/kg]
轮胎橡胶	33
异戊二烯胶	45
橡胶泡沫-胶乳	41

塑性可燃物	净发热值 [MJ/kg]
丙烯腈（ABS）	40
烷基苯磺酸盐	35
麻布	20
苯酚甲醛	28
塑胶	28
聚氯乙烯（PVC）	20
聚酯	30
用玻璃丝加固的聚酯	21
聚乙烯	43.5
聚异三聚氰酸酯	25
聚甲基丙烯酸甲酯（PMMA）	28
聚丙烯	43
聚氨酯	40
苯板	28
环氧树脂漆	34
纯三聚氰胺脂	19
脲醛树脂	15

碳类可燃物	净发热值 [MJ/kg]
乙醇	29
无烟煤	34
沥青	42
苯酚	40
沥青	41
丁烷	46
丁烯	45.5
木炭	34
煤炭（泥煤）	31
蜡-凡士林	47
焦煤	30
汽油	44
乙烷	47.5
乙醇	27
乙烯	47
柴油	41
润滑脂	40
机油	40
氢气	120
甲烷	50
甲醇	20
丙烷	46
丙烯	47

（4）宜根据表2中的值加上下面计算得出的不固定火灾荷载的值来评估固定火灾荷载。

注：可在其他出版资料如《消防工程手册（第3版）》[*SFPE Handbook of Fire Protection Engineering*（*Third Edition*）]中获得补充信息。

2.5 建筑火灾荷载分类

（1）火灾荷载密度宜根据建筑类型进行分类，其分类与建筑面积有关，火灾荷载密度标准值 $q_{f,k}$ [MJ/m²] 列在表3中。

表3　不同建筑火灾荷载密度标准值 $q_{f,k}[MJ/m^2]$ 的平均值和保守合理值

建 筑 类 型	平均值 $[MJ/m^2]$	离 散 差	$q_{f,k}[MJ/m^2]$ (90%分位数值)
住宅	780	0.15	930
医院	450	0.3	630
酒店(客房)	350	0.25	460
办公室	450	0.5	740
图书室和资料室(*)	1200	0.7	2300
会议室	250	0.5	410
学校教室	350	0.4	530
商业中心	600	0.3	840
剧院(电影院)	300	0.3	420
交通设施(公共空间)	100	0.3	140
(*)指3m高的储藏室。			

2.6　火灾荷载密度的单独评估

(1)应对没有列入表3的建筑类型进行专门研究,以确定所需考虑的平均表面荷载。

(2)对火灾荷载及其分布情况的调查分析,宜考虑其用途、陈设设施以及随着时间的变化所出现的不良趋势。

(3)如有可能,宜对已有类似项目进行调查,调查时仅需明确拟建项目和既有项目之间的区别即可。

3　燃烧性能

(1)燃烧性能宜考虑建筑功能和火灾荷载类型。

(2)对于以纤维为主的材料,建议 $m=0.8$。对于其他可燃物,如果没有论证结果,m 可取1。

4　释热率 Q

(1)火灾荷载的释热率(Q)可根据不同的时间阶段表示,如图4所示。

9

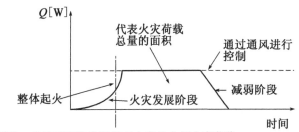

图注：曲线下面的空间代表火灾的全部火灾荷载。

图4　根据不同的时间阶段表示释热率(Q)

（2）火灾发展阶段的释热率可用下式表示（在房间内的温度达到约 $500°C$ 之前）：

$$Q = Q_0 \left(\frac{t}{t_\alpha} \right)^2 \qquad (E.5)$$

式中：Q——释热率[W]；

　　Q_0——取值为1MW（t_α秒之后达到的 Q 值）；

　　t——时间[s]；

　　t_α——放热1MW所需的时间[s]。

（3）表4和表5分别给出了不同建筑关于不同火灾发展速度的参数 t_α 值和最大释热率 RHR_f。

表4　不同火灾发展速度的 t_α 值

火灾发展速度	t_α[s]
慢	600
中等	300
快	150
超快	75

表5　不同建筑的火灾发展速度

建 筑 类 型	火灾发展速度	建 筑 类 型	火灾发展速度
住宅	中等???	会议室	中等
医院	中等	学校教室	中等
酒店（客房）	中等	商业中心	快
办公室	中等	剧院（电影院）	快
图书室和资料室	快	交通设施（公共空间）	慢

（4）火势增长和最大释热率 Q_{max} 要么受氧气进入量限制（通风限制），要么受可燃物的性质限制。给出的 Q_{max} 使用（5）中 Q_1 值和（6）中 Q_2 值确定，其中：

$$Q_{max} = \mathrm{Min}(Q_1, Q_2)$$

（5）Q_1 为受可燃物限制的释热率：

$$Q_1 = RHR_f A_{fi} \qquad [kW]$$

10

式中: A_{fi}——最大着火面积[m^2],小于或等于房间面积;

RHR_f——不受空气进入量限制时的最大表面释热率[kW/m^2](见表6)。

表6 不同建筑的 RHR_f

建 筑 类 型	RHR_f[kW/m^2]	建 筑 类 型	RHR_f[kW/m^2]
住宅	250	会议室	250
医院	250	学校教室	250
酒店(客房)	250	商业中心	500
办公室	250	剧院(电影院)	500
图书室和资料室	500	交通设施(公共空间)	250

注:除了这些建筑类型,RHR_f可根据专题著作、特定试验或可燃物的分布情况等数据的组合进行估算。

(6)释热率:

$$Q_2 = K \cdot m \cdot H_u \cdot A_v \cdot \sqrt{h_{eq}} \qquad [kW]$$

式中: A_v——开口总面积[m^2],$A_v = \sum_N A_i$;

A_i——开口 i 的面积[m^2];

h_{eq}——开口高度的平均值[m],$h_{eq} = \dfrac{\sum_N A_i \cdot h_i}{\sum_N A_i}$;

h_i——开口 i 的高度[m];

N——开口的总数;

H_u——木材的发热值,取17.5[MJ/kg];

K——取值为100[$kg/s/m^{2.5}$]的常数。

注:在使用区域模型时,在通风受限的情况下,能量与质量守恒可以决定进气流量。通过上文等式确定的数值可用计算进气量所得出的释热率 Q_2 替换。

(7)宜假定火势减弱阶段是线性发展的,并且从火灾荷载燃烧完70%的时候开始下降,当火灾荷载完全烧完之后就不再下降。

注:在使用区域模型时,在通风受限的情况下,如果外部存在燃烧,那么火灾荷载应减去外部燃烧的数量。